Isabella Melchert

Forschungsdesigns der quantitativen und qualitativen Forschung im Vergleich

GRIN Verlag

Bibliografische Information der Deutschen Nationalbibliothek:

Die Deutsche Bibliothek verzeichnet diese Publikation in der Deutschen National-
bibliografie; detaillierte bibliografische Daten sind im Internet über http://dnb.d-
nb.de/ abrufbar.

Impressum:

Copyright © 2010 GRIN Verlag GmbH
Druck und Bindung: Books on Demand GmbH, Norderstedt Germany
ISBN: 978-3-656-10126-0

Dieses Buch bei GRIN:

http://www.grin.com/de/e-book/186950/forschungsdesigns-der-quantitativen-und-
qualitativen-forschung-im-vergleich

RWTH Aachen   12.04.2010

Geographisches Institut

Empirische Methoden der Kultur- und Wirtschaftsgeographie

Sommersemester 2010

Hausarbeit

Forschungsdesigns der quantitativen und qualitativen Forschung im Vergleich

Isabella Melchert

Isabella Melchert

4. Semester

Studienfach: B.Sc. Angewandte Geographie

Inhaltsverzeichnis

1 Einleitung

Viele Autoren bzw. Forscher der empirischen Sozialwissenschaften versuchen, ihr Forschungsfeld – hier Forschungsdesigns im Forschungsprozess – zu klassifizieren. Unterschiedliche Abgrenzungskriterien werden herangezogen, um einer Einordnung annähernd gerecht zu werden. Jedoch kann keiner dieser Klassifizierungsversuche als befriedigend bewertet werden, da es in jedem Forschungsfeld Aspekte geben wird, die für den einen Forscher relevant und für den anderen zu vernachlässigen sind (Atteslander 2003:63). Forschungsdesigns lassen sich nach der Kausal- oder Zeitdimension sowie nach den Untersuchungseinheiten oder gar der Umgebung differenzieren (siehe Abb. 1), was in dieser Arbeit hauptsächlich versucht wird: in Abschnitt 3.1 und 3.2 werden die in der Literatur am häufigsten erwähnten Designs der quantitativen und qualitativen Forschung näher erläutert. In Abschnitt 3.3 wird näher auf die Differenzierung nach den Güte- und Relevanzkriterien der Ergebnisse von REUBER und PFAFFENBACH eingegangen.

	Forschungsdesigns	
Abgrenzungskriterien	**Quantitative Forschung**	**Qualitative Forschung**
Umgebung	• Labor (künstlich) • Feld (natürlich)	• Labor (künstlich) • Feld (natürlich)
Kausaldimension	• Echtes Experiment • Quasi-Experiment • Ex-post-facto-Experiment	• Fallstudie • Vergleichsstudie
Zeitdimension	• Querschnittstudie • Längsschnittstudie (Trend- und Paneldesign)	• Retrospektive Studie • Momentaufnahme • Längsschnittstudie
Untersuchungseinheiten	• Individualdaten, • Aggregatdaten	• Individuen • soziale Gemeinschaften • Organisationen • Institutionen

Abb. 1: Differenzierungsmöglichkeiten von quantitativen und qualitativen Forschungsdesigns (eigene Darstellung)

2   Forschungsdesign: Begriffsdefinition

„Ein Forschungsdesign ist ein Plan für die Sammlung und Analyse von Anhaltspunkten, die es dem Forscher erlauben, eine Antwort zu geben – welche Frage er auch immer gestellt haben mag" (Ragin 1994 zit. in Flick 2007:252). Das Forschungsdesign dient somit der Hypothesen-Überprüfung, für die Untersuchungsanordnungen bzw. Experimente (nicht im Laborsinne) herangezogen werden. Folglich liegt das Ziel in der Ausschließung von möglichst vielen alternativen Erklärungen durch die Designwahl (Schnell et al. 2005:211-212).

Forschungsdesigns werden auch Erhebungs- oder Untersuchungsdesigns genannt. Die hauptsächliche Differenzierung erfolgt anhand der Methode der Erhebung, der zeitlichen Dimension der Erhebung sowie der Untersuchungsanordnung (Raithel 2006:48). Des Weiteren ist die Entscheidung, ob Daten an denselben Personen oder an verschiedenen Personengruppen erhoben werden sollen zur Festlegung eines Designs wichtig. Welchen Designtypen man letztendlich wählt, hängt vor allem von der „Erwünschtheit der Eigenschaften der entsprechenden Untersuchungsform" (Schnell et al. 2005:12) und von den finanziellen Mitteln ab.

Die Güte eines Designs wird anhand der Störfaktoren gemessen. Störfaktoren sind Beeinflussungsfaktoren, die Alternativhypothesen begünstigen. Dazu zählen unter anderem Zeiteinflüsse, biologisch-psychologische Veränderungen an den Probanden (= Testobjekte), Veränderungen durch Hilfsmittel und Ausfälle durch z.B. Tod (Schnell et al. 2005:217-220). Es gibt diverse Vorgehensweisen, diese Störfaktoren unter Kontrolle zu bekommen, die in dieser Arbeit jedoch nicht weiter erläutert werden.

Im Allgemeinen ist mit dem Begriff Forschungsdesign also die Planung einer Untersuchung angesprochen, das heißt wie sieht die Zusammenstellung von Daten aus und wie kann die „Auswahl empirischen ‚Materials' gestaltet werden" (Flick 2007:252).

3 Forschungsdesigns der quantitativen und qualitativen Forschung

Die quantitativen und qualitativen Ansätze bilden zwei unterschiedliche Kategorien bezüglich der Arbeitsweisen und Methoden in der geographischen Forschung. Beide Zugangsweisen sind möglich, um an Daten zu gelangen (Meier Kruker/Rauh 2005:3). „Qualitative und quantitative Forschung sind weder unvereinbare Gegensätze, die nicht etwa auch kombiniert werden können" (Flick 1995:56). Allerdings lässt sich die qualitative Forschung nur sehr begrenzt mit der aus der quantitativen Forschung vertrauten Logik verbinden (Flick 1995:56). Zur Visualisierung der folgend vorgestellten Designs kann Abb. 1 herangezogen werden.

3.1 Quantitative Forschungsdesigns

Quantitative Methoden sind solche, die mit mathematisch-statistischen Analyseverfahren arbeiten. Mit ihnen versuchen Forscher, Alternativhypothesen anhand harter, objektiver Vorgehensweisen auszuschließen (Reuber/Pfaffenbach 2005:34). Durch die starke Konzentration auf die Theorie und somit der Präferenz der Methode vor dem Forschungsgegenstand wird diese Art von Forschungsansatz oft kritisiert. Standardisierung und Quantifizierung generieren häufig nur noch Scheinobjektivität (Atteslander 2003:83).

3.1.1 Echte experimentelle Designs

Die in Kapitel 2 genannten Störfaktoren können nur von echten experimentellen Designs systematisch kontrolliert werden. Auf diesem Weg lässt sich eine Vielzahl möglicher Alternativhypothesen ausschließen (Schnell et al. 2005:224).
Echte experimentelle Designs sind dann notwendig, wenn innerhalb einer Hypothese eine Veränderung des Verhaltens aufgrund einer unterschiedlichen Behandlung der Merkmalsträger vorausgesagt wird. Nur bei diesem Design wird vor der Datenerhebung von Vergleichsgruppen eine ausführliche Überprüfung der unabhängigen Variablen (*Kausalfaktor*) vorgenommen. Die Zuordnung der Probanden zu den Ver-

gleichsgruppen ist zufällig (*Randomisierung*). Wichtig ist, dass ‚gleiche‘ Personen in eine Gruppe eingeteilt werden (*Matching*). Diese Vorgehensweise des Ausschlusses personenbezogener Effekte findet unter Laborbedingungen statt. Demzufolge nennt man dieses echte experimentelle Design *Laborexperiment* (Raithel 2006:49-50). Die Untersuchung findet unter „planmäßig vereinfachten, ‚reinen‘ Bedingungen [statt]“ (Atteslander 2003:200)

3.1.2 Quasi-experimentelle Designs

Bei quasi-experimentellen Designs erfolgt die Zuordnung zu Versuchsgruppen nicht durch Randomisierung. Eine eindeutige Zurückführung auf die Behandlung der Merkmalsträger ist nicht mehr möglich, was folglich eine Kontrolle der Störfaktoren ausschließt (Raithel 2006:50). Zu der Gruppe der quasi-experimentellen Designs zählt das *Feldexperiment*. Hierbei wird der Proband – im Gegensatz zum Laborexperiment – nicht aus seiner natürlichen Umgebung herausgelöst, er befindet sich in seiner realen Alltagsumwelt (Atteslander 2003:200). Dieser Umstand ist aufwendiger als beim Laborexperiment, denn die Testobjekte müssen an verschiedenen Orten aufgesucht und Hilfsmittel transportiert werden (personeller und materieller Aufwand) (Schnell et al. 2005:226).

3.1.3 Ex-post-facto-experimentelle Designs

Bei den ex-post-facto-Anordnungen, also den nicht-experimentellen Designs, werden zwei Gruppen erst nach der Erhebung verglichen, das heißt es liegt bereits ein Sachverhalt vor, auf dessen Ursachen man zurückzuschließen versucht. Keine der drei Experimentbedingungen (Randomisierung, Kontrollierung, Manipulation der unabhängigen Variablen) sind gegeben (Atteslander 2003:201).

Dieses Design ist in der empirischen Sozialforschung das am häufigsten praktizierte, obwohl es unvermeidliche methodologische Probleme aufweist. Solch ein Problem ist z.B. die Kontrolle von Drittvariablen, was bei Laborexperimenten fast ausgeschlossen werden kann (Raithel 2006:50-51).

3.2   Qualitative Forschungsdesigns

Qualitative Methoden sind solche, die sich auf subjektiven Untersuchungen fokussieren und keine objektiven Herangehensweisen an die Realität (siehe quantitative Forschung) vornehmen (Reuber/Pfaffenbach 2005:34). Die Dynamik der qualitativen Forschung kann nur unzureichend kontrolliert werden. Vielmehr ist der qualitative Forschungsweg durch Offenheit, das heißt wenig Standardisierung, charakterisiert, was auch die Wahl des Forschungsdesigns markant beeinflusst. Designs, bei denen nicht alle Schritte von Beginn an festgelegt sind, gewinnen vorwiegend an Bedeutung. Vielmehr ist wichtig, dass neue Schritte festgelegt werden können, die das Forschungsergebnis prägen (Meier Kruker/Rauh 2005:14).

3.2.1 Fallstudie und Vergleichsstudie

Fallstudien werden herangezogen, wenn man einen Fall genau beschreiben oder rekonstruieren will. Mit ‚Fall' werden dabei verschiedene Probanden bezeichnet, z.b. Personen, soziale Gemeinschaften, Organisationen und Institutionen. Probleme liegen in der Identifikation eines Falls und in der Klärung, was zu einem Fall noch dazugehört (Flick 2007:253-254). Auswertung und Analyse eines einzelnen Falls erfolgen mit vielen und vor allem tiefen Informationen unter Verwendung bzw. Verknüpfung mehrerer gängiger Methoden über einen längeren Zeitraum hinweg (Teichmann 2001:102). Die *Einzelfallstudie* ist als Sonderfall der Fallstudie an dieser Stelle zu erwähnen. Hierbei werden Individuen detailliert beschrieben, was eine Generalisierung auf andere Personen und Gruppen ausschließt (von Eye 1994:30).

Vergleichsstudien betrachten einen Fall nicht in seiner Komplexität und Ganzheit, sondern mehrere Fälle werden im Hinblick auf spezielle Ausschnitte in Betracht gezogen. Beispielsweise wird das Expertenwissen verschiedener Personen gegenübergesellt und verglichen (Flick 2007:254).

3.2.2 Retrospektive Studie, Momentaufnahme, Längsschnittstudie

Mit *retrospektiv* (lat.: zurückschauend) wird eine Studie bezeichnet, die die Einflussgrößen eines Falls vom Ergebnis ausgehend untersucht, also rekonstruierend arbeitet. Diese Studien finden vorwiegend in der biographischen Forschung Anwendung (Flick 2007:255).

Momentaufnahmen hingegen sind Zustandsbeschreibungen und Prozessanalysen zum Zeitpunkt der Forschung. Expertenwissen verschiedener Personen wird mithilfe von Interviews oder Protokollen festgehalten und verglichen (Flick 2007:255-256).

Bei *Längsschnittstudien* werden identische Personen zwei- oder mehrmals in bestimmten zeitlichen Abständen befragt, um Veränderungen über einen Zeitraum feststellen zu können (Reinders 2005:44). Mehrere Erhebungszeitpunkte beim Lebenslauf werden auch bei der ‚retrospektiven‘ biographischen Forschung vorgenommen (Flick 2007:256).

3.3   Unterschiede zwischen quantitativen und qualitativen Ansätzen

Neben den in den vorherigen Abschnitten erläuterten Designs der quantitativen und qualitativen Forschung lassen sich beide Herangehensweisen im stichwortartigen Vergleich voneinander differenzieren, ohne erneut auf die eigentlichen Forschungsdesigns eingehen zu müssen (Abb. 2).
Im Fokus der Betrachtung stehen vor allem die Unterschiede bezüglich der Rolle untersuchungsleitender Hypothesen und Fragestellungen, sowie hinsichtlich der Erhebung und Art der Daten. Differenzierungen in Bezug auf Auswertung der Daten sind neben Verwendbarkeit und Relevanz mindestens genauso von Bedeutung (Gebhardt/Reuber 2007:88-91).

Quantitative Methoden	Qualitative Methoden
Anfangshypothesen	Arbeit mit Leitfragen
standardisierte Datenerhebung	kaum standardisierte Datenerhebung
kategorisierte Antwortmöglichkeiten	ausführliche Antworten möglich
geordnete und überschaubare Datenmengen	nahezu unstrukturierte Datenfülle
Auswertung anhand mathematisch-statistischer Verfahren	Auswertung erfolgt interpretativ-verstehend, teils subjektiv
Repräsentativität durch Zufallsstichprobe	keine Repräsentativität im statistischen Sinn; wenige Einzelfälle werden intensiv erfasst
geeignet für Erhebung „harter Daten" und kategorisierbarer Information	geeignet für differenzierte Untersuchung von Einzelfällen (Details, Besonderheiten)
„Schematisierung"	„Individualisierung"
fast unproblematisch Dokumentation der Ergebnisse	fast unmögliche Dokumentation der Daten
Gütekriterium der intersubjektiven Überprüfbarkeit	**Gütekriterium der Plausibilität/Nachvollziehbarkeit**

Abb. 2: Quantitative und qualitative Methoden – ein stichwortartiger Vergleich
(eigene Darstellung, verändert nach Reuber/Pfaffenbach 2005:35)

4 Fazit

Abschließend lassen Forschungsdesigns sich als Mittel beschreiben, Ziele der Forschung durch verschiedene quantitative und qualitative Herangehensweisen zu er-
reichen (Flick 2007:264). Quantitative und qualitative Forschung werden als unab-
hängig voneinander operierend definiert, das heißt, sie untersuchen Themen, die
sich gegenseitig ausschließen. Allerdings ist es je nach Untersuchungsgegenstand
auch möglich, dass beide Methoden sich gegenseitig ergänzen und gemeinsam zu
einem Ergebnis beitragen (von Eye 1994:36).

Versuche der Integration beider Ansätze sind bislang noch nicht befriedigend gelöst.
Zumeist lassen sich die Methoden nur nacheinander, nebeneinander oder über- bzw.
untergeordnet verbinden (Flick 1995:283). KELLE beschreibt in seinem Werk

(2008:282-288) eine mögliche Verknüpfung beider Methoden durch drei spezielle Forschungsdesigns: *sequentielle*, *parallele* und *integrierte qualitativ-quantitative Designs*.

GEBHARDT und REUBER (2007:88) sind der Ansicht, dass eine vergleichende Bewertung von quantitativen und qualitativen Untersuchungsformen nur wenig Sinn mache. Jede Methode eigne sich unterschiedlich gut. Es komme ja auf die Fragestellung und Untersuchung an.

Literaturverzeichnis

ATTESLANDER, P. (2003): Methoden der empirischen Sozialforschung. Berlin: Walter de Gruyter.

FLICK, U. (1995): Qualitative Forschung. Theorie, Methoden, Anwendung in Psychologie und Sozialwissenschaften. Reinbek bei Hamburg: Rowohlt.

FLICK, U. (2007): Design und Prozess qualitativer Forschung. In: Flick, U./von Kardorff, E./Steinke, I. (Hrsg.) (2007): Qualitative Forschung. Ein Handbuch. Reinbek bei Hamburg: Rowohlt, 252-265.

GEBHARDT, H./REUBER, P. (2007): Wissenschaftliches Arbeiten in der Geographie. In: Gebhardt, H./Glaser, R./Radtke, U./Reuber, P. (Hrsg.) (2007): Geographie. Physische Geographie und Humangeographie. Heidelberg: Spektrum Akademischer Verlag, 80-93.

KELLE, U. (2008): Die Integration qualitativer und quantitativer Methoden in der empirischen Sozialforschung. Theoretische Grundlagen und methodologische Konzepte. Wiesbaden: Verlag für Sozialwissenschaften.

MEIER KRUKER, V./RAUH, J. (2005): Arbeitsmethoden der Humangeographie. Darmstadt: Wissenschaftliche Buchgesellschaft.

RAITHEL, J. (2006): Quantitative Forschung. Ein Praxiskurs. Wiesbaden: Verlag für Sozialwissenschaften.

REINDERS, H. (2005): Qualitative Interviews mit Jugendlichen führen. München: Oldenbourg.

REUBER, P./PFAFFENBACH, C. (2005): Methoden der empirischen Humangeographie. Braunschweig: Westermann.

SCHNELL, R./HILL, P./ESSER, E. (2005): Methoden der empirischen Sozialforschung. München: Oldenbourg.

TEICHMANN, S. (2001): Unternehmenstheater zur Unterstützung von Veränderungsprozessen. Wirkungen, Einflussfaktoren, Vorgehen. Wiesbaden: DUV.

VON EYE, A. (1994): Zum Verhältnis zwischen qualitativen und quantitativen Methoden in der empirisch-pädagogischen Forschung. In: Olechowski, R./Rollet, B. (Hrsg.) (1994): Theorie und Praxis. Aspekte empirisch-pädagogischer Forschung – quantitative und qualitative Methoden. Frankfurt am Main: Peter Lang (= Schule – Wissenschaft – Politik 8), 24-45.